U0186706

图书在版编目（CIP）数据

比恐龙还老 ：神奇的海绵动物 / （瑞士）尼农·阿曼著 ；洪堃绿译. -- 石家庄 ：花山文艺出版社，2024.3

书名原文：Wundertier Schwamm
ISBN 978-7-5511-7175-5

Ⅰ. ①比… Ⅱ. ①尼… ②洪… Ⅲ. ①海绵动物－儿童读物 Ⅳ. ①Q959.12-49

中国国家版本馆CIP数据核字(2024)第055515号
河北省版权局登记 冀图登字：03-2023-190号

The original title: WUNDERTIER SCHWAMM
Author/Illustrator: Ninon Ammann

书　　名：比恐龙还老——神奇的海绵动物
Bi Konglong Hai Lao Shenqi de Haimian Dongwu
著　　者：［瑞士］尼农·阿曼
译　　者：洪堃绿

选题策划：北京浪花朵朵文化传播有限公司
责任编辑：温学蕾　　出版统筹：吴兴元
责任校对：李天璐　　特约编辑：马　丹
美术编辑：王爱芹　　营销推广：ONEBOOK
装帧制造：墨白空间·余潇靓　　排　　版：赵昕玥
出版发行：花山文艺出版社（邮政编码：050061）
（河北省石家庄市友谊北大街 330 号）
印　　刷：天津联城印刷有限公司
经　　销：新华书店
开　　本：880 毫米 × 1230 毫米　1/16
印　　张：2.75
字　　数：50 千字
版　　次：2024 年 3 月第 1 版
2024 年 3 月第 1 次印刷
书　　号：ISBN 978-7-5511-7175-5
定　　价：58.00 元

官方微博：@ 浪花朵朵童书
读者服务：reader@hinabook.com 188-1142-1266
投稿服务：onebook@hinabook.com 133-6631-2326
直销服务：buy@hinabook.com 133-6657-3072

关注浪花朵朵
认识神奇的动物

浪花朵朵

比恐龙还老
神奇的海绵动物

[瑞士] 尼农·阿曼　著　　洪堃绿　译

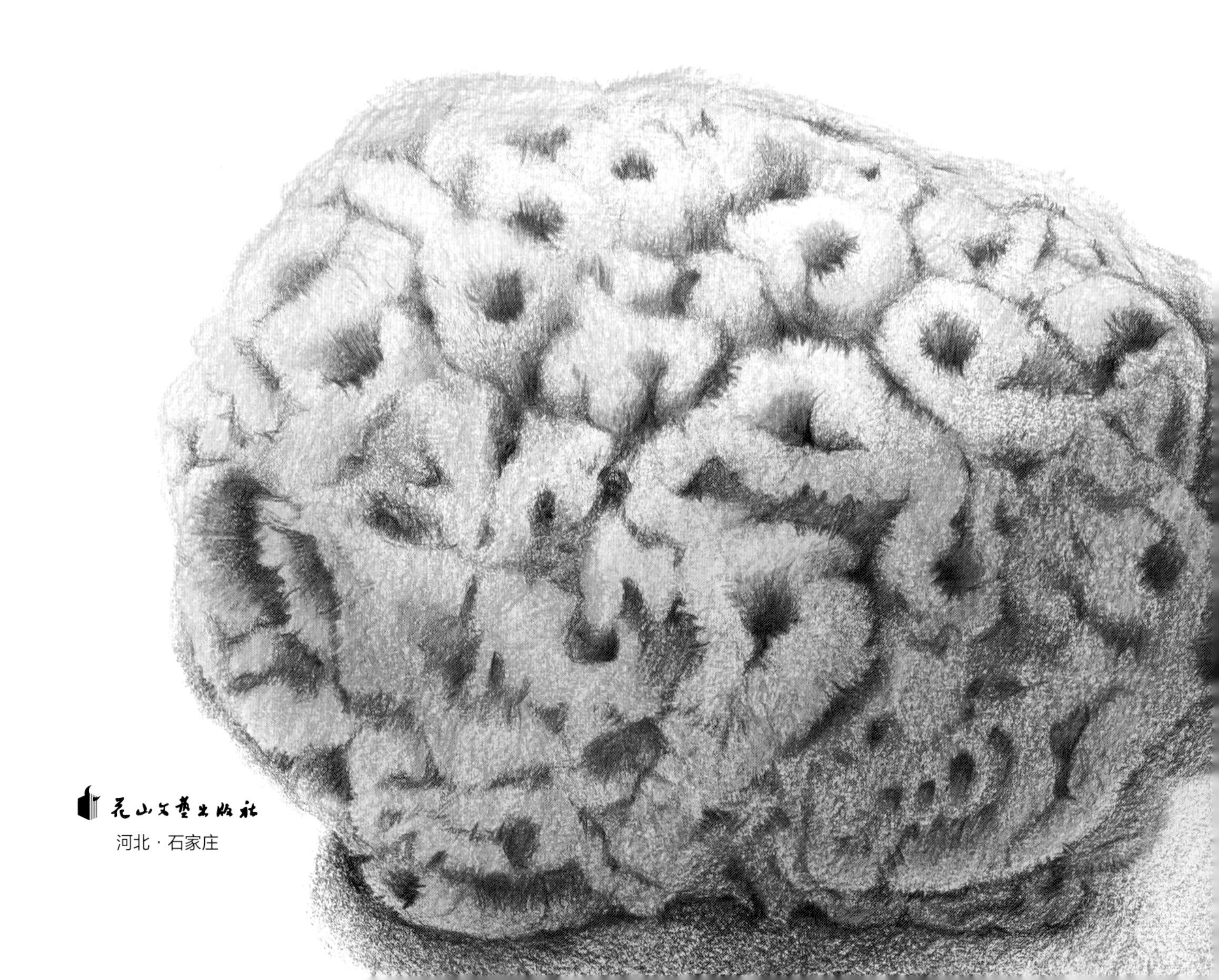

花山文艺出版社
河北·石家庄

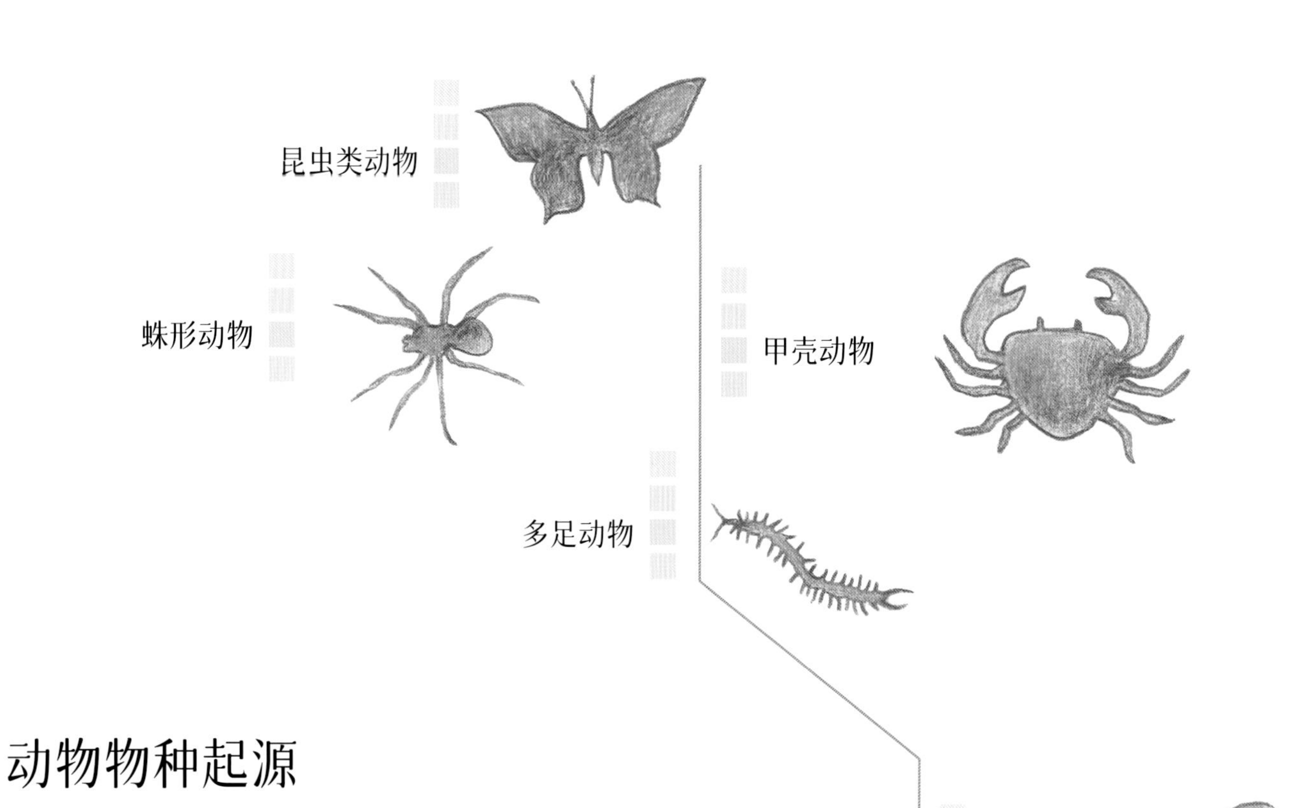

动物物种起源

地球上最早的生物由单个细胞组成。在单细胞生物出现近20亿年后，地球上才进化出复杂的多细胞生物。其中一些适应了水中的生活，一些找到了在沙漠、森林或其他环境中生存的方法。不论它们长着爪子、鳍、螯、翅膀还是手，所有动物都是从最初的简单生命形态进化而来的。

在多细胞动物漫长进化的早期，海绵动物就已经出现了。

右图的简化版动物谱系图展现了不同动物类群之间的关系及其进化历程。随着新见解和新分类依据的出现，研究人员会不断调整谱系图。

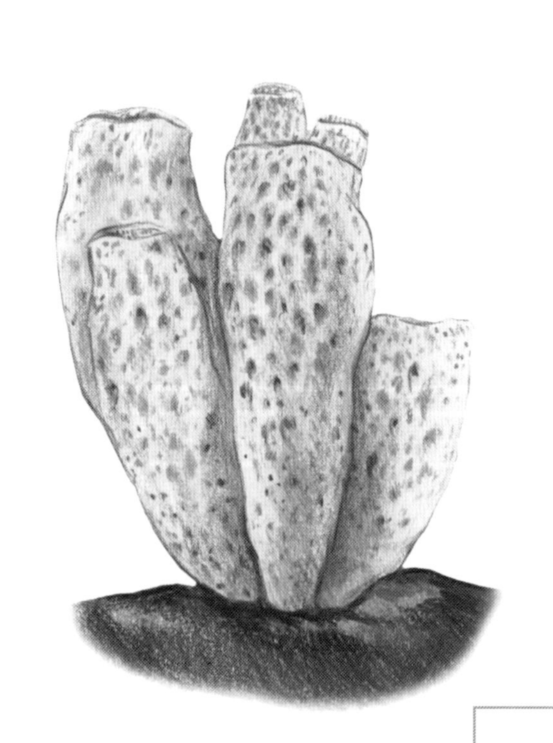

哺乳动物

鸟类动物

爬行动物

两栖动物

鱼类动物

无颌动物

棘皮动物

环节动物

线虫动物

扁形动物

刺胞动物

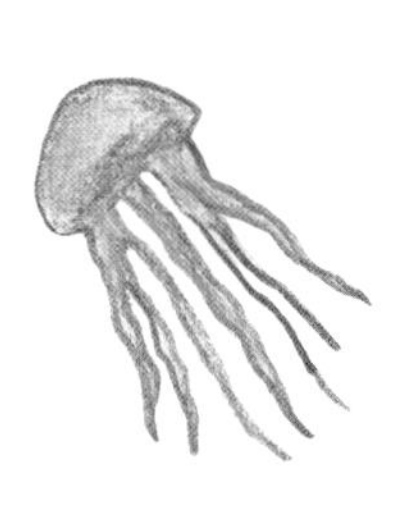

- 脊椎动物
- 节肢动物
- 后口动物
- 原口动物
- 真后生动物
- 多细胞生物
- 单细胞生物

海绵动物

海绵动物又叫多孔动物，科学界用 Porifera 一词来统称它们，词根 pori 意为小孔，指它们体表有清晰可见的小孔，而ferre在拉丁语中是“携带”的意思。

直到今天，自然科学家们仍用拉丁语来为生物命名。你或许已经从恐龙的拉丁名注意到了这一点。这样做的好处是，所有的动植物在世界各地都能有统一的名称。因此，本书中许多种类的海绵动物都标注了拉丁名。

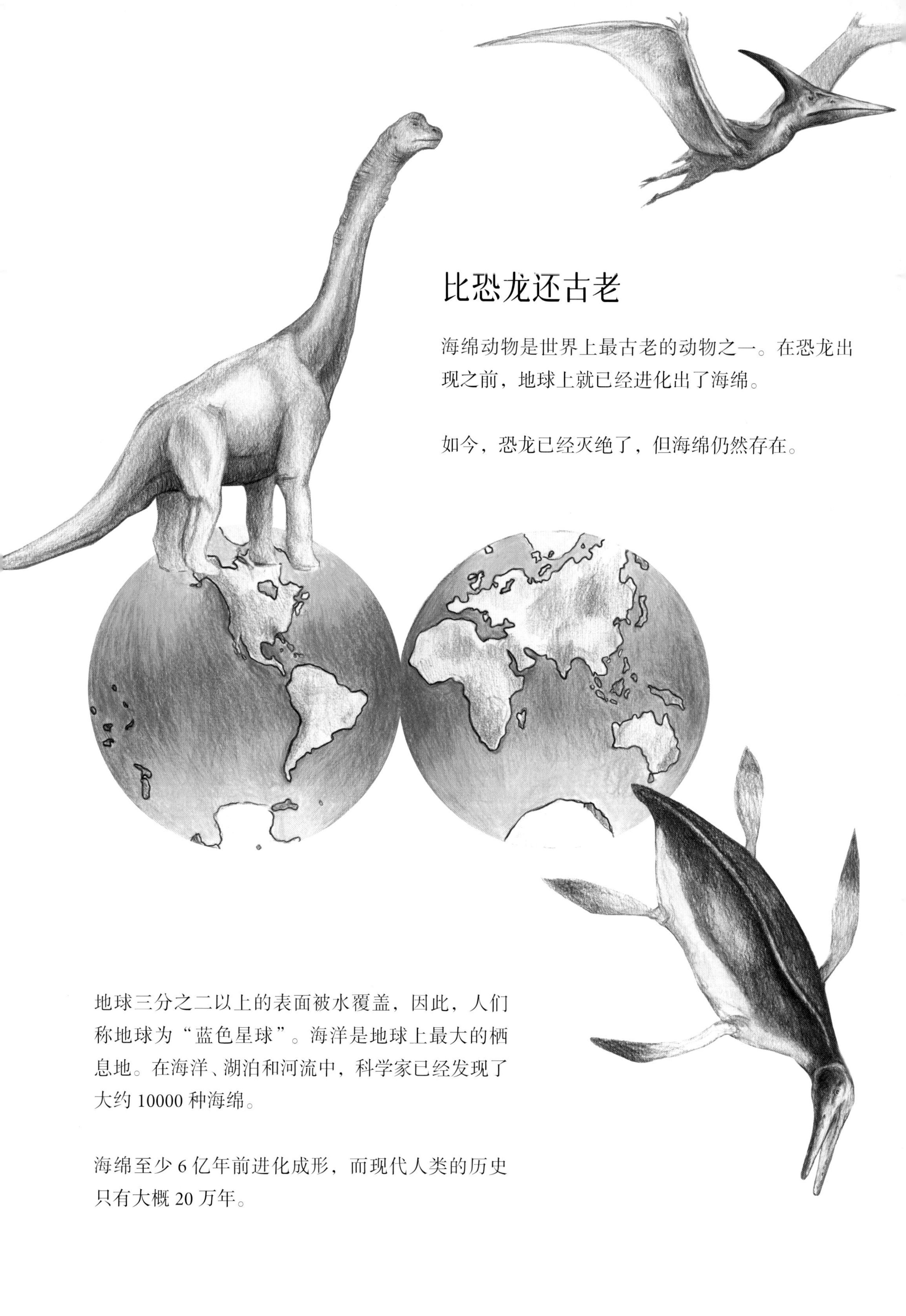

比恐龙还古老

海绵动物是世界上最古老的动物之一。在恐龙出现之前，地球上就已经进化出了海绵。

如今，恐龙已经灭绝了，但海绵仍然存在。

地球三分之二以上的表面被水覆盖，因此，人们称地球为“蓝色星球”。海洋是地球上最大的栖息地。在海洋、湖泊和河流中，科学家已经发现了大约 10000 种海绵。

海绵至少 6 亿年前进化成形，而现代人类的历史只有大概 20 万年。

活化石

最长寿的海绵

在第一批恐龙出现之前，海绵就已经在地球上生活很久了。当然，就算海绵是一种寿命极长的动物，也没有任何一只海绵个体会从那时活到现在。在南极洲周围冰冷的海洋中有一只超过 10000 岁的海绵，它是一只火山海绵（*Anoxycalyx joubini*）。

大多数动物在漫长的进化过程中，会不断调整自己的身体构造以适应环境。而海绵虽然形态丰富，却比其他动物发生的变化要小很多。显然，它们不需要改变，这些构造简单的动物从一开始就具备了适应生存环境的所有特征。

今天，世界上只有少数动物仍保持着它们在恐龙时代的形态，其中有许多都生活在水里。

新碟贝（*Neopilina galathea*）
早在 4 亿年前，这种软体动物就已经出现在海洋里了，其外观和腹足类动物十分相似，体长约有 3 厘米。

匙吻鲟（*Polyodon spathula*）
匙吻鲟存在的时间超过了 1.25 亿年，现今主要分布在北美洲。它们可以长到 2 米，以甲壳动物和浮游生物为食，捕食时会边游边张大嘴。

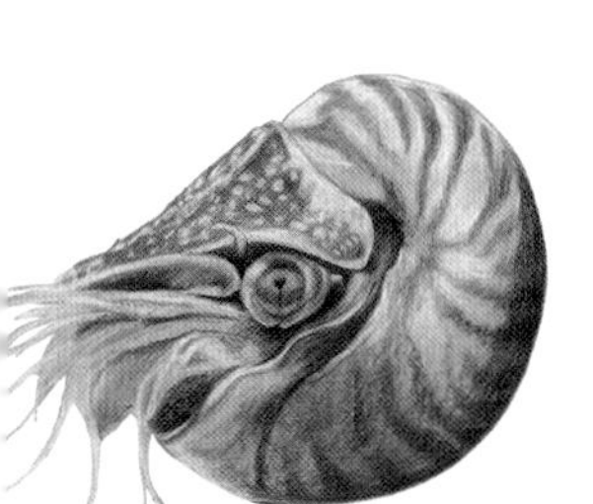

鹦鹉螺（*Nautilus*）
这种头足类动物在 5 亿年前就进化出来了。它们是菊石的祖先。鹦鹉螺与乌贼、鱿鱼有亲缘关系，不同的是，鹦鹉螺有硬壳。仅少数几种鹦鹉螺以螃蟹为食。

非洲矛尾鱼（*Latimeria chalumnae*）
非洲矛尾鱼与肺鱼有亲缘关系，在地球上存在的时间已经超过 4 亿年，在此期间身体构造几乎没有变化。它们可以长到 2 米，鱼鳍上长有灵活的肉质鳍柄，十分特别。

澳洲肺鱼（*Neoceratodus forsteri*）
澳洲肺鱼在地球上存在的时间超过 3.8 亿年。它们体长可达 1.5 米，可通过肺或鳃呼吸。这种夜行性鱼类生活在河流中，以蛙类、无脊椎动物和水生植物为食。

欧氏尖吻鲛（*Mitsukurina owstoni*）
这种鲨鱼在 1.25 亿年前就已经生活在海里了。它们可以长到 6 米多。欧氏尖吻鲛不会对人类造成威胁，因为它肌肉非常松软无力，行动非常缓慢。

美洲鲎（*Limulus polyphemus*）
这种动物存在的时间已有 4.5 亿年。它们体长可达 60 厘米，生活在海湾或河口底部，主要以贝类等软体动物为食，可以钻进沙中。

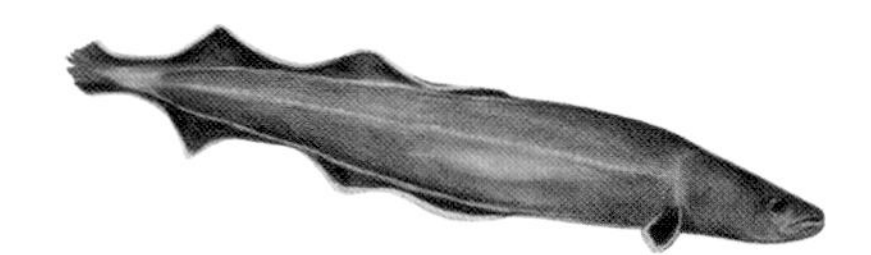

帕劳原鳗（*Protoanguilla palau*）
这种形似鳗鱼的动物存在时间已经超过 2 亿年。它们的体长一般不超过 20 厘米，在太平洋帕劳群岛附近的一个水下洞穴中首次发现。

动和不动

海绵与植物有一个共同点：它们都固着生长。与植物不同的是，海绵没有真正的根部。尽管如此，它们还是可以很好地附着在海底或其他固体物上。有些海绵像苔藓那样平整地附着在岩石和礁石上。

虽然周围环境不断发生着变化，海绵却生长缓慢。因为它们表面黏黏的、软软的，还一直在动，所以不会被海藻层覆盖。许多海绵还会分泌防御性物质，防止微生物和藻类的侵害。

不同形状和颜色的海绵

一提到海绵，你也许只能想到洗澡用的浴海绵，那是因为你还没有意识到海绵种类是多么丰富多样。

树枝状

例如，红手指海绵。

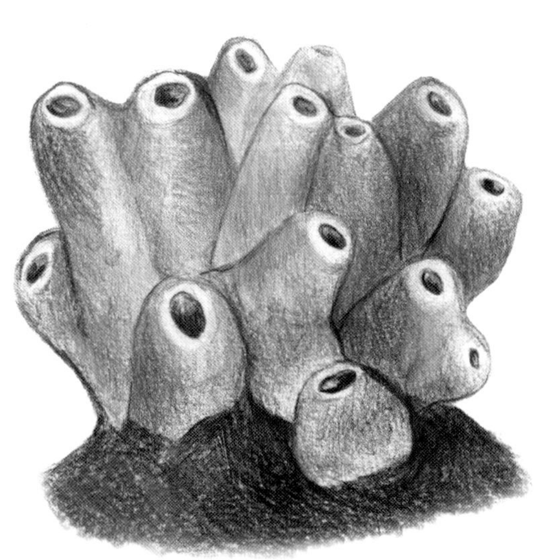

簇状

例如，分支管状海绵。

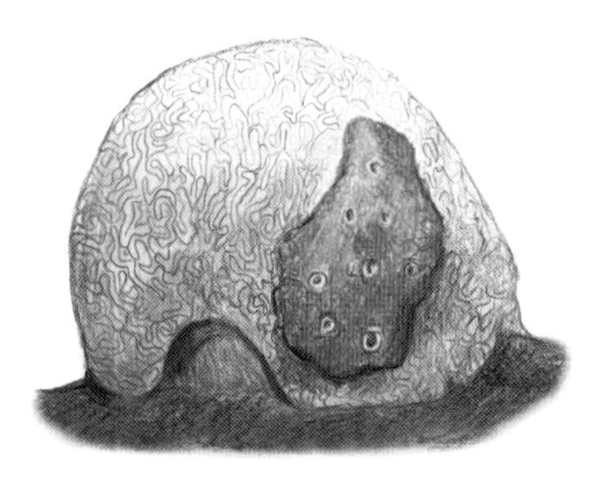

片状

例如，附着在脑珊瑚上的红穿贝海绵。

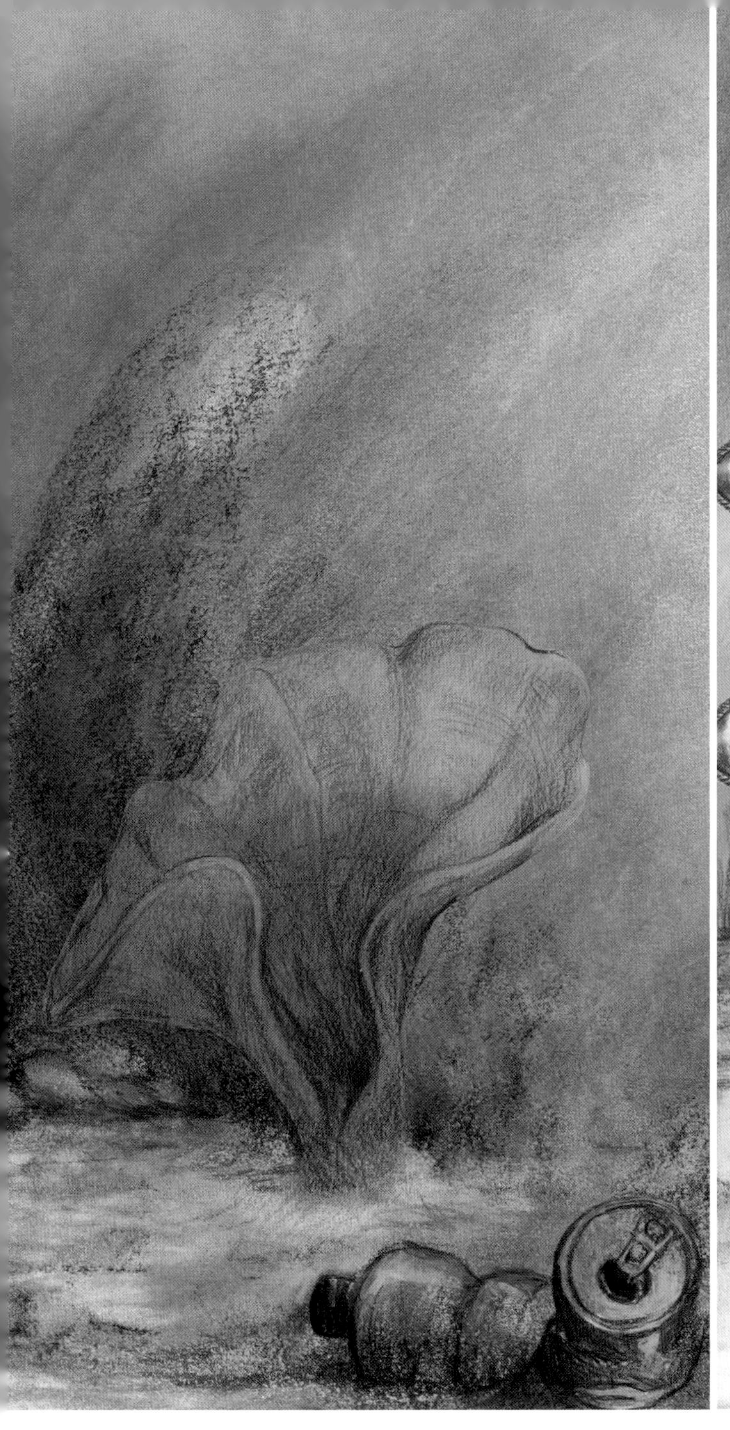

它们有的像珊瑚，有的像玻璃工艺品，有的像石头；有的颜色鲜亮，有的颜色是毫不起眼的棕色或灰色。

无固定形状

例如，胶状海绵。

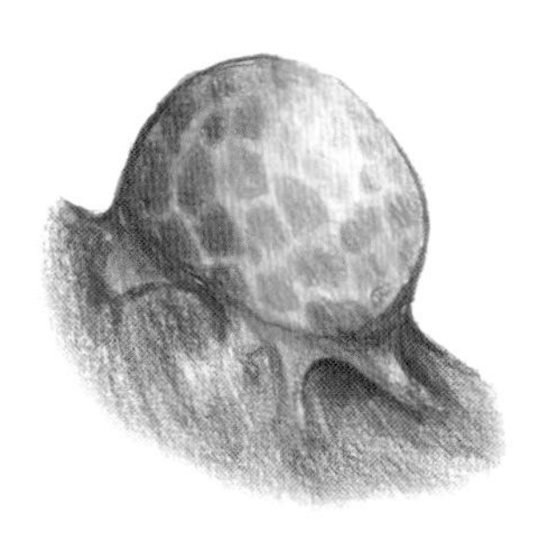

球状

例如，柑橘荔枝海绵。

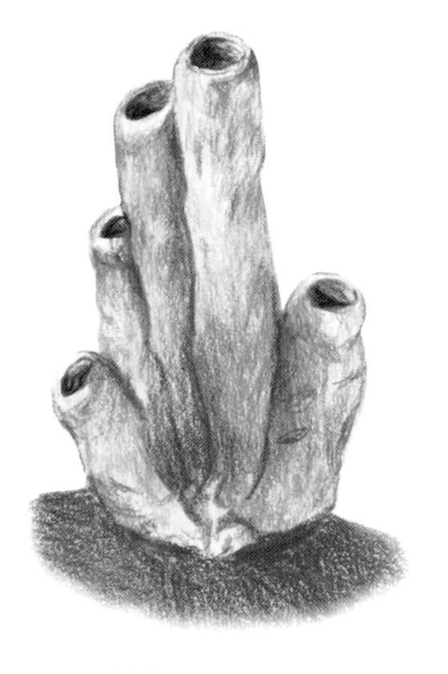

管状

例如，海王星海绵。

瓶状

例如，桶状海绵。

海绵是一种动物

海绵没有大脑、心脏和胃，也没有骨头和肌肉。它们还没有嗅觉、听觉、视觉和触觉。尽管如此，海绵仍然是一种动物，因为与所有动物一样，它们需要进食。动物从食物中获取营养物质和能量，而植物依靠光合作用，吸收阳光，自己合成营养物质和能量。

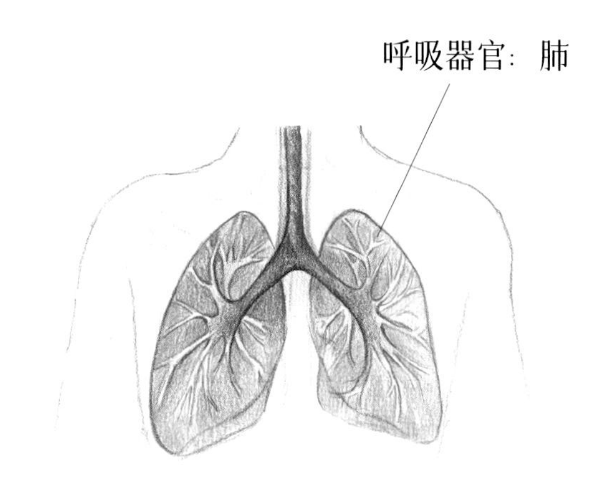

什么是氧气？

如果没有氧气，地球上就不会有生命。绿色植物通过光合作用释放氧气，而动物从空气或水中获取氧气。就像木柴需要氧气才能燃烧和产生热量一样，动物也必须借助氧气才能将摄入的营养物质转化为能量。动物通过呼吸，吸入氧气，并将二氧化碳排出体外。

万物呼吸

大多数陆生动物将空气吸进肺里获得氧气。在肺里，氧气穿过薄薄的膜进入血液，再由血液里的红细胞将氧气输往身体各处。

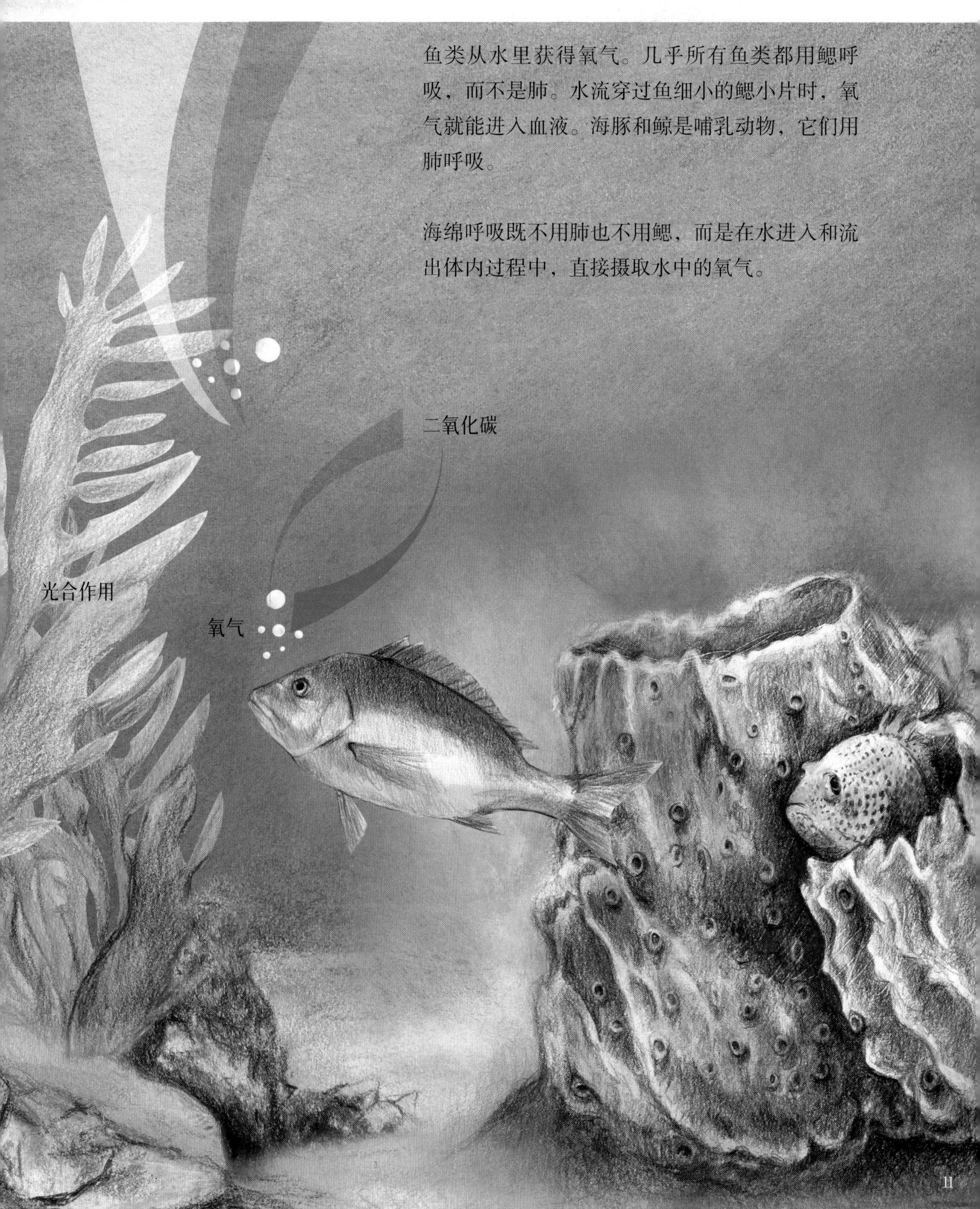

鱼类从水里获得氧气。几乎所有鱼类都用鳃呼吸，而不是肺。水流穿过鱼细小的鳃小片时，氧气就能进入血液。海豚和鲸是哺乳动物，它们用肺呼吸。

海绵呼吸既不用肺也不用鳃，而是在水进入和流出体内过程中，直接摄取水中的氧气。

海绵可分为三大类

寻常海绵（Demospongiae）

是海绵中分布范围最广的一类。它们生活在各种各样的环境中，有的种类能生活在湖泊和河流里。在世界各地，寻常海绵有多种颜色，如黄色、红色、紫色、绿色、橙色等。浴海绵属于寻常海绵。

六放海绵（Hexactinellida）

遍布世界各大海洋，它们最喜欢生活在200米以下的海域。在南极洲冰冷的海洋中，它们的中央腔是许多小动物的栖身之所。而在温暖的浅海，它们可以像珊瑚一样形成大型礁石。有化石证据表明，六放海绵是最古老的海绵种类之一。

海绵也有骨骼

就像人类、鱼类和其他大多数动物一样，有些海绵也有支撑它们身体的骨骼。大部分海绵的骨骼很小，但有些海绵的骨骼可以长到3米。组成海绵骨骼的是坚硬的骨针。每一种海绵都有独特的骨针，外形美丽、匀称，有的看起来像针，有的像小小的锚、星星或带着倒钩的箭。根据这些骨针形状，我们可以分辨出现生海绵或化石海绵的种类。

钙质海绵（Calcarea）

主要分布在浅海，它们大多呈白色或灰色，有的长成软管一样的长条形，有的长成无花果一样的形状。

海绵的过滤功能

海绵可以过滤水中的杂质。不同种类的海绵，其过滤结构也不同，但基本原理是一样的：水通过许多入水小孔进入海绵腔体后被过滤。

每天过滤的水量

一只足球大小的海绵每天可以过滤约 3000 升水，大约可以装满 12 个浴缸。

不同的过滤结构

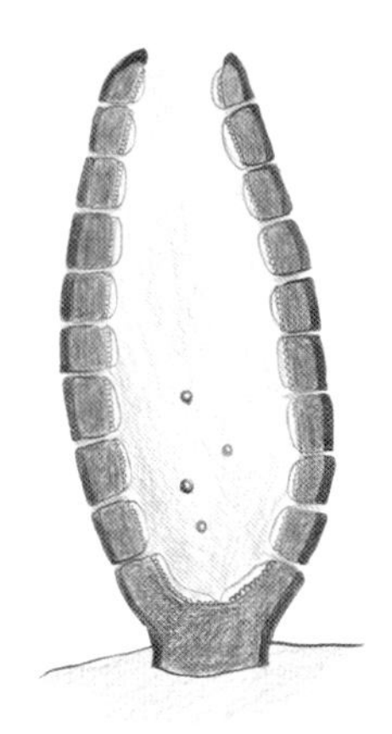

单沟型

拥有这种过滤结构的海绵，长度一般在 10 厘米以下。简单的沟系让它们无法形成更大的体形。

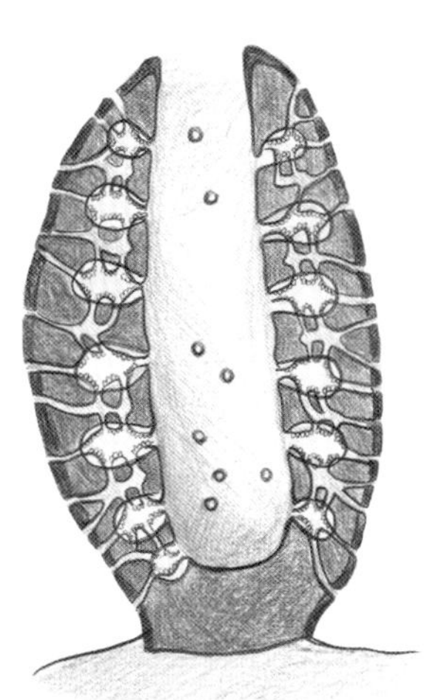

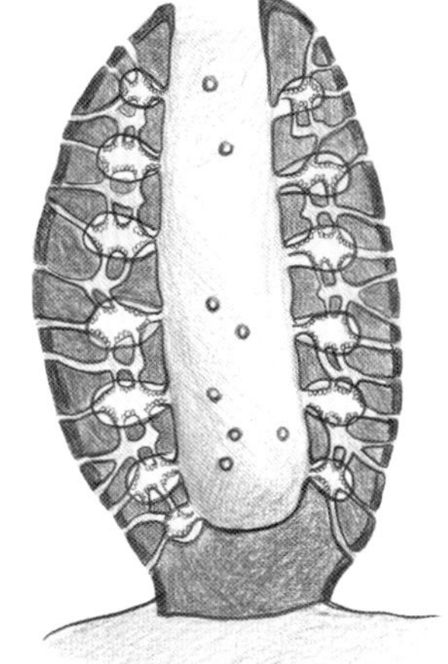

双沟型

与单沟型相比，双沟型海绵沟系的表面积更大，可以过滤更多的水。

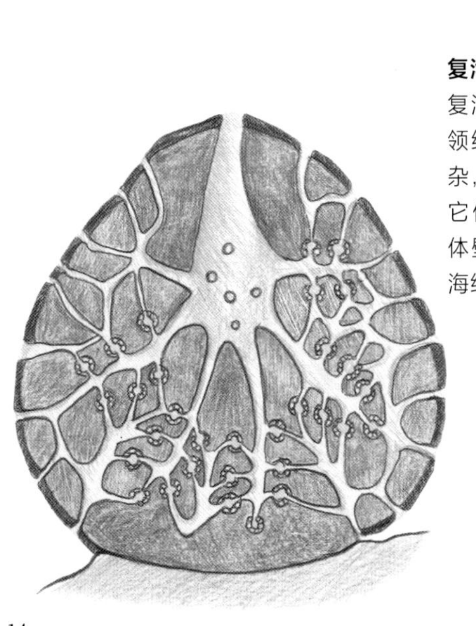

复沟型

复沟型海绵的腔壁有很多领细胞的鞭毛室，结构复杂，管道分支多。因此，它们的过滤功能更强大，体壁也更厚实。所有大型海绵都有这样的构造。

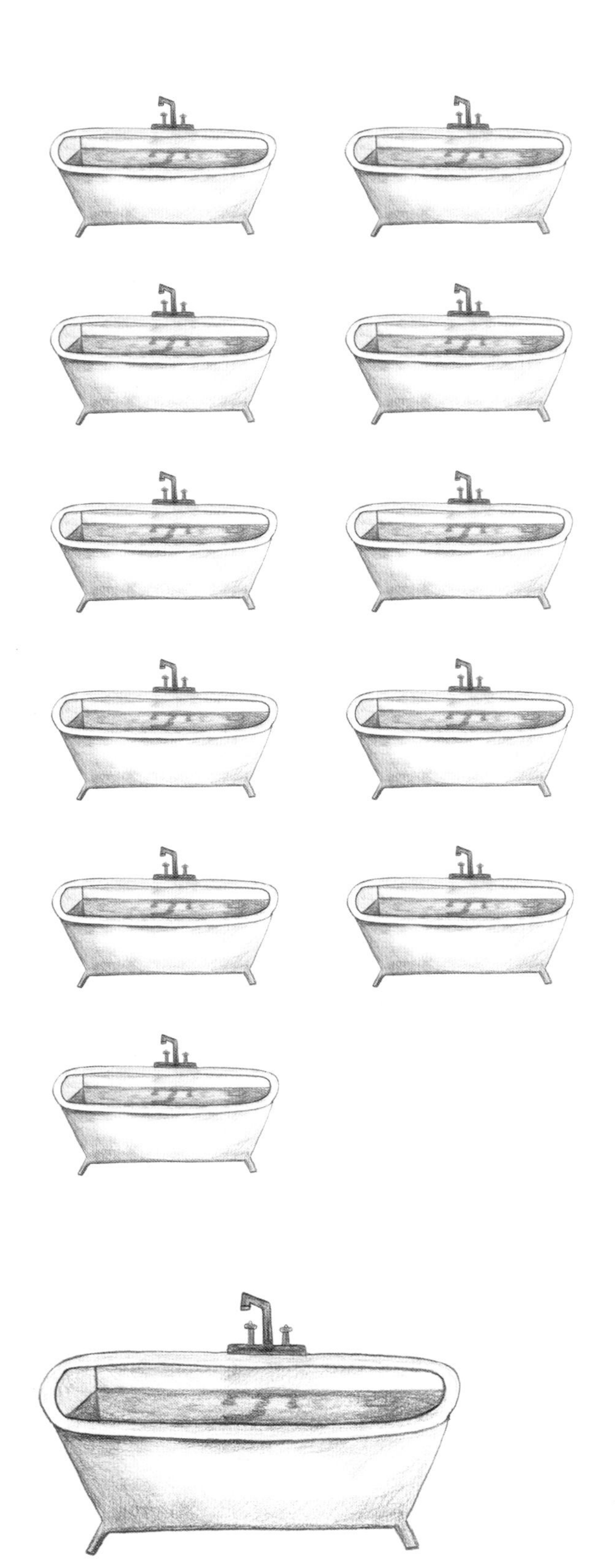

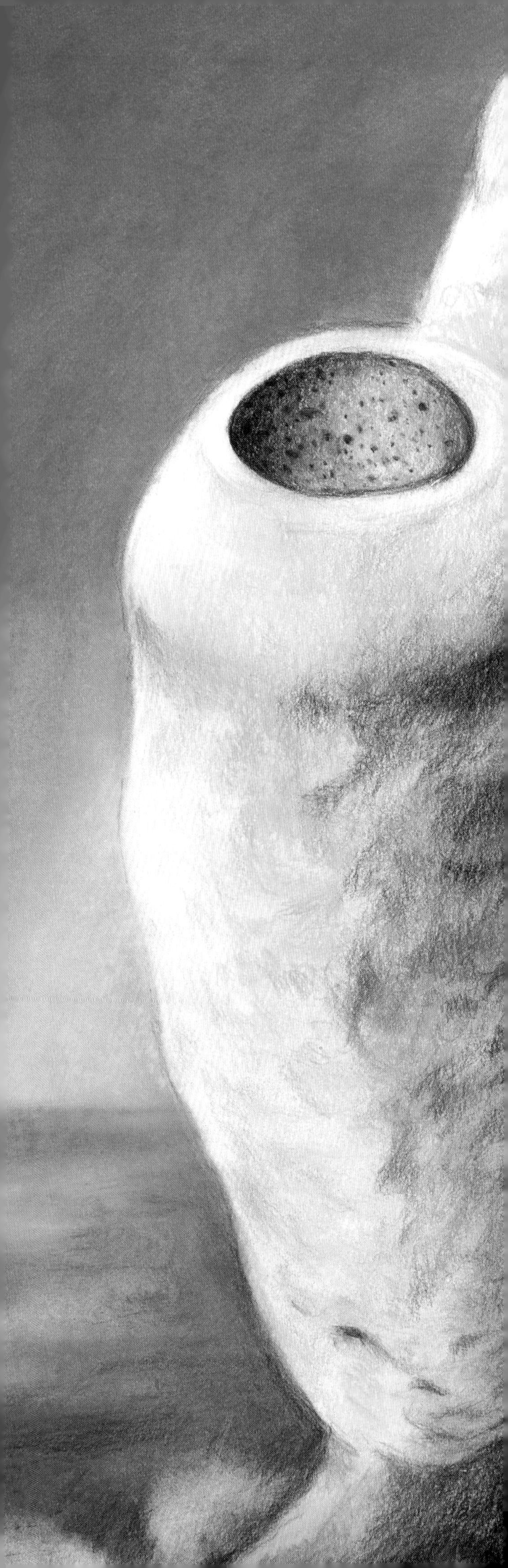

吸水

外界的水通过海绵的管沟和小室进入海绵内部大的中央腔。水中带有很多微小的颗粒，如藻类、甲壳动物、沙子和海洋动物的排泄物等，此外，水中还有只能在显微镜下看见的细菌和病毒。这些物质都通过入水小孔流进海绵。

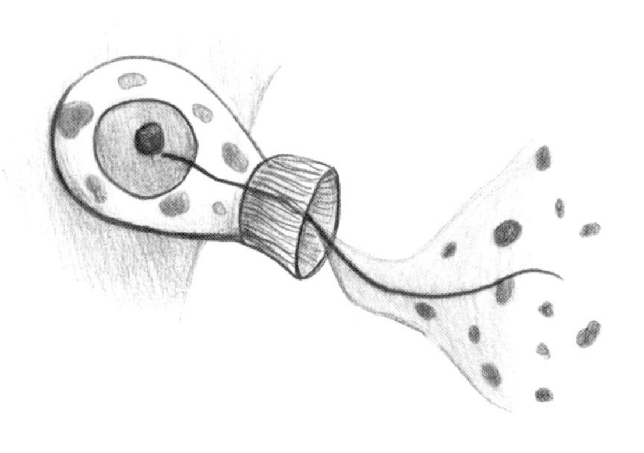

进食和排泄

领细胞鞭毛在海绵体腔内摆动使水保持流动。在鞭毛有节奏的摆动下，那些只能在显微镜下看清的微小颗粒旋转跳跃着，附着在领细胞黏糊糊的领上。

领上的网孔滤出所有颗粒，细胞能消化的颗粒成了食物，不能消化的则被排到流出的水流中。

过滤出的水

海绵过滤后的水通过一个较大的开口被排出体外。这个开口叫作出水孔，通常位于海绵顶部。

海绵通过这种方式发挥净化水的作用，就像污水净化装置一样。

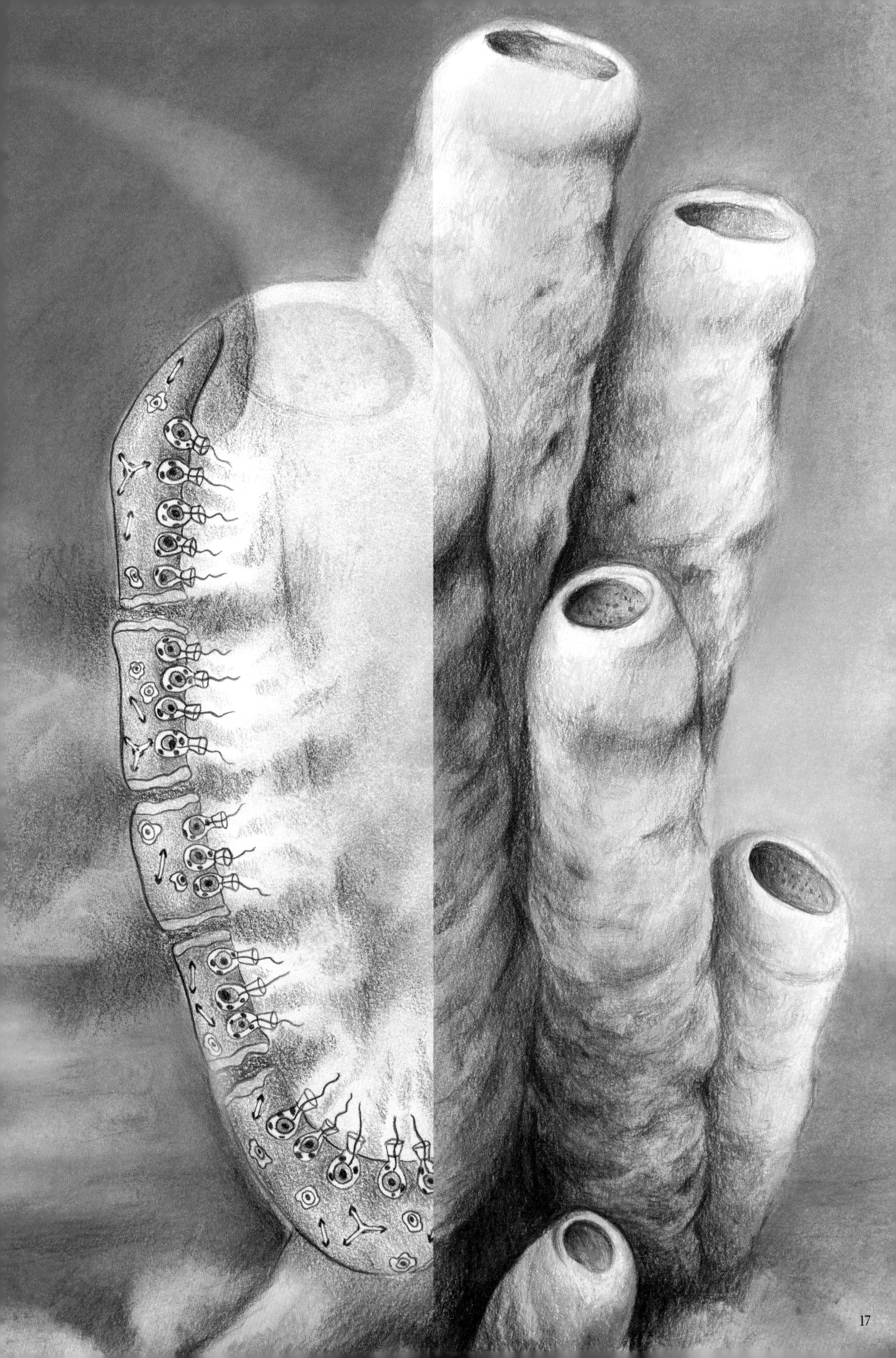

海水中的微生物

一滴海水中有数以百万计的单细胞生物，其中大部分是千分之一毫米大小的细菌，它们的身影我们只有在显微镜下才能看见。海绵将它们从水中过滤出来，或以它们为食，或让它们留在自己的身体组织里。

"海中药房"

海绵能过滤出水中的病原体[①]，为此，它们必须有不受病原体伤害的本领。海绵可以分辨出哪些微生物对自己有益，哪些对自己有害，还可以利用有益的微生物抵御有害的微生物。有益的微生物能栖身在海绵身体内部，成为海绵身体的一部分。由此可见，不同的微生物对海绵有不同的影响。

今天，海绵身上的多种物质被运用于医学领域。人们捕捞海绵，将其磨成粉，从中提取有效成分制成药物。更多的时候，化学家们会将这些天然成分的化学结构分析出来，再在实验室中人工合成。

① 病原体，能引起疾病的微生物和寄生虫的统称。微生物包括细菌、病毒、真菌等。——编者注

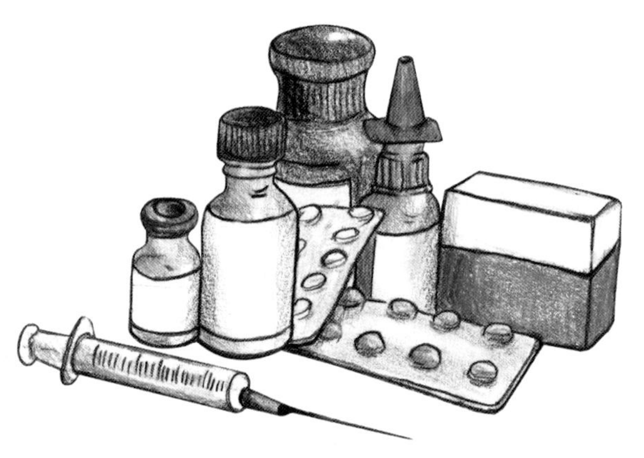

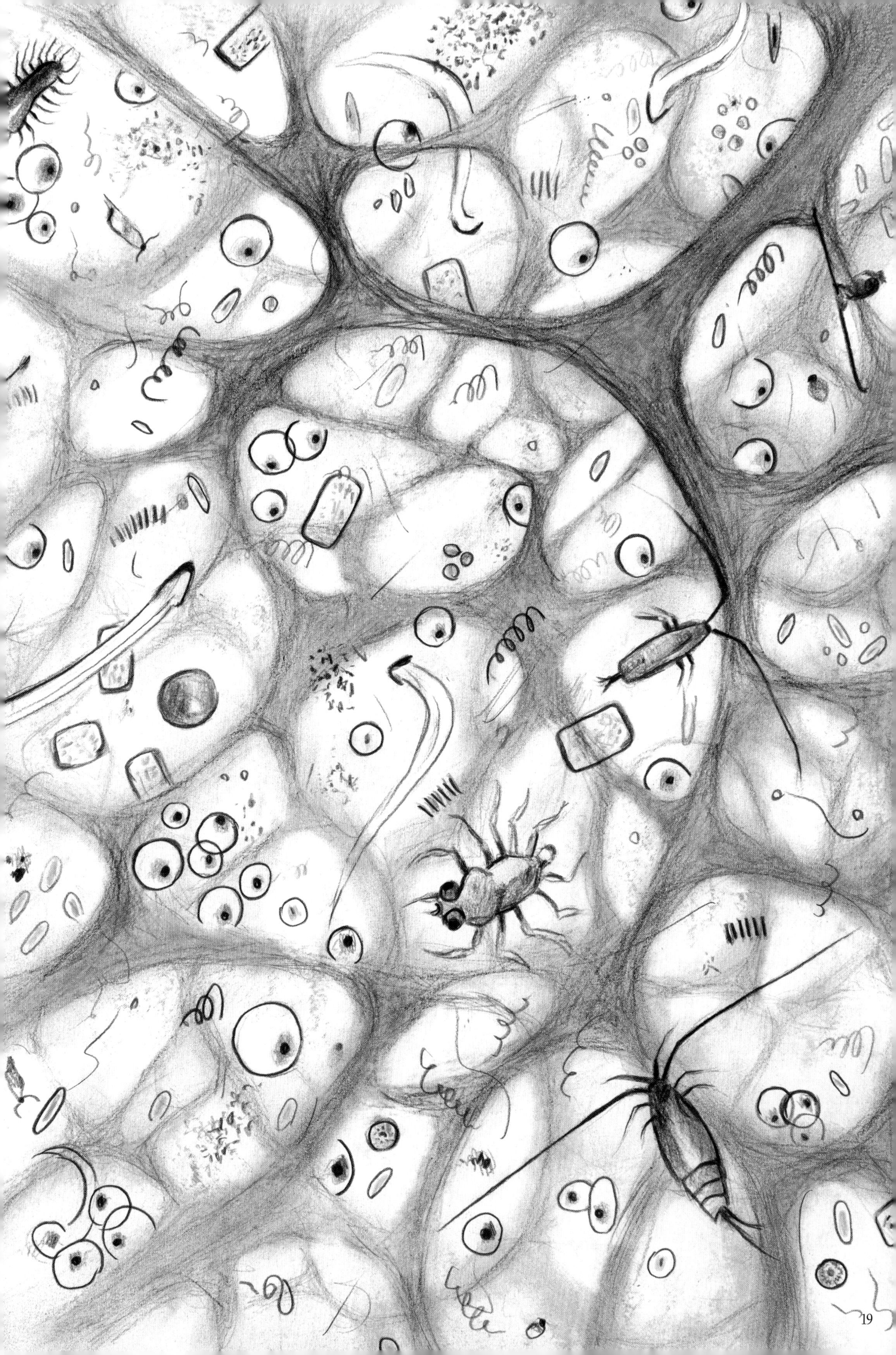

海绵是如何繁殖的？

成年海绵有的是雌性，有的是雄性，雌雄同体的海绵（即一只海绵既是雌性也是雄性）也很常见。

如果身体被撕下一块或受到损伤，海绵能重新长出缺失的部分；撕下的部分还能发育成完整的海绵。因此，在正常情况下，海绵碎块不仅能存活下来，还能进行繁殖。

繁殖方式一：出芽生殖

与植物类似，海绵也可以“发芽”。海绵体壁外长出芽体，芽体脱离母体后形成幼体。幼体在水底安家后，就会长成新的海绵。

海绵幼体只有千分之一毫米大，形状各异，但许多都有鞭毛，幼体借助鞭毛的摆动在水里游动。

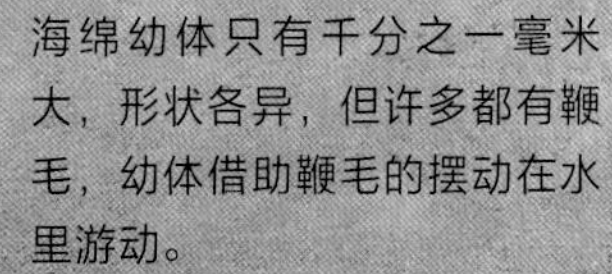

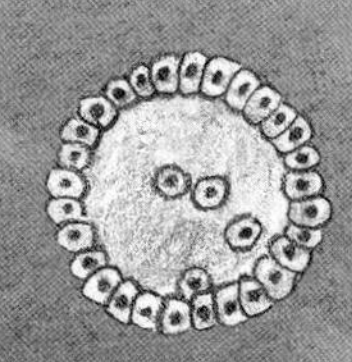

繁殖方式二：有性生殖

卵子和精子在海绵母体的空腔里结合（有时二者在空腔外的水中结合），形成的受精卵会随水流逸出母体，经过一段时间后，受精卵发育为幼体。幼体先在水中漂浮，然后固着在海底长成新的海绵。

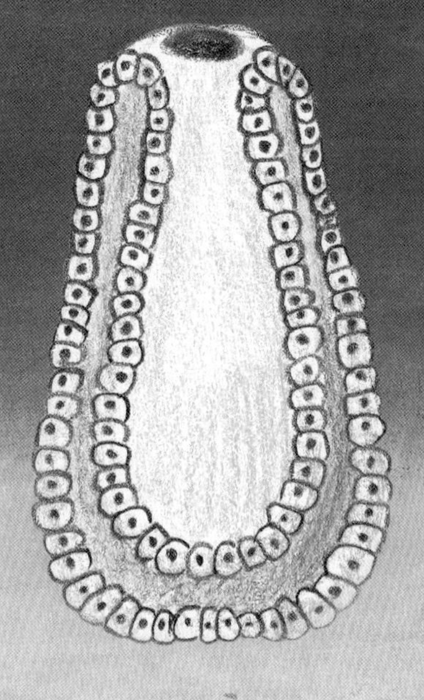

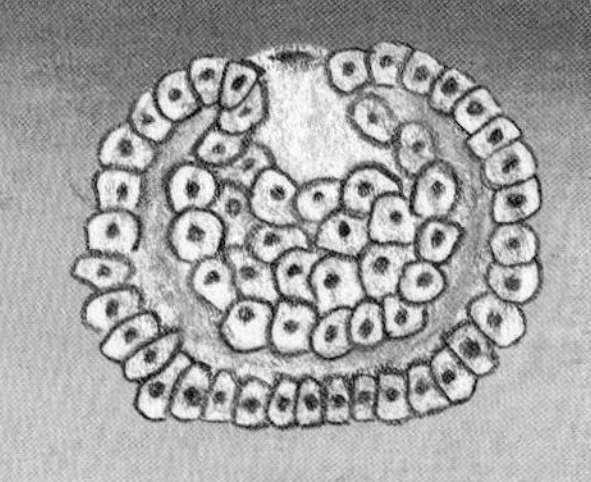

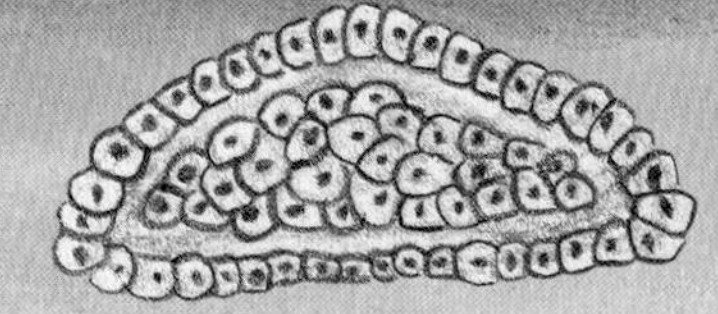

人们可以养殖天然海绵

一些角质海绵触感柔软，能帮助人类去除皮肤上的污垢。2000多年前，人类就已经开始潜入水中寻找海绵，并将其作为清洁工具了。不过今天我们家用的各种海绵一般都是人造的。为了有所区分，人们约定俗成地管在水中生长的海绵叫天然海绵，即使它们是人工养殖的。

为了养殖天然海绵，潜水员需要从大海绵上割下一块，然后将其切成小块并用绳索绑住沉入海底。海绵只能在水中生存，所以只有让这些海绵小块保持湿润，它们才能长成完整的海绵。人工养殖海绵一般会选择生长速度较快的海绵种类。

人们收割海绵后，会先在室外晾干，接着清除掉其体内的沙粒和钙质沉积物，然后不断地揉搓清洗，直到只剩下由富有弹性的海绵质纤维组成的骨骼。我们用来搓洗身体的天然海绵其实就是海绵的骨骼。

浴海绵可以吸收相当于自身重量 50 倍以上的水。

海绵的天敌

海绵长有骨针，身体坚硬，还会分泌防御物质，所以只有少数动物以海绵为食。一些海龟、海螺和鱼类喜欢啃食某些海绵的表皮，就像奶牛啃食牧场上的青草一样。

海龟

太平洋玳瑁特别喜欢吃海绵，海绵的毒素不会伤害到它们。太平洋玳瑁生活在浅海的珊瑚礁中，可以长到 90 厘米。

海绵怎么保护自己？

面对天敌，海绵无法逃走，但有些海绵能分泌毒素（海绵的毒素能对许多动物造成威胁）进行防御，也有些海绵会利用体内又尖又硬的骨针保护自己免受其他动物的啃食。此外，海绵营养价值并不高，不是理想的食物。

海蛞蝓

一些海蛞蝓在啃食海绵时并不会中毒，甚至还能在体内积蓄海绵毒素，将其作为自己的防御武器。这样的海蛞蝓往往颜色鲜艳，它们利用鲜艳的颜色警告那些饥饿的鱼类："小心，我有毒！"如果还有不识趣的鱼类上前攻击，海蛞蝓的皮肤就会释放毒素驱逐它们。

海绵在什么情况下会死？

与其他动物一样，海绵需要特定的生存环境，当生存环境发生显著变化，如水温过高或氧气含量太低时，海绵就会死亡。此外，如果水中的沙粒太多，堵住了海绵的入水小孔，其生命也会遭到威胁，因为这样一来，海绵就会因不能摄入食物而饿死。因此，卷起沙粒的浪潮、拖过海底的渔网，以及大量可能堵住海绵入水小孔的细菌和海藻都会对海绵产生危害。海绵死后，它们的骨骼在海底沉积，能够加固海底，这对不同的海洋栖息地都十分重要。

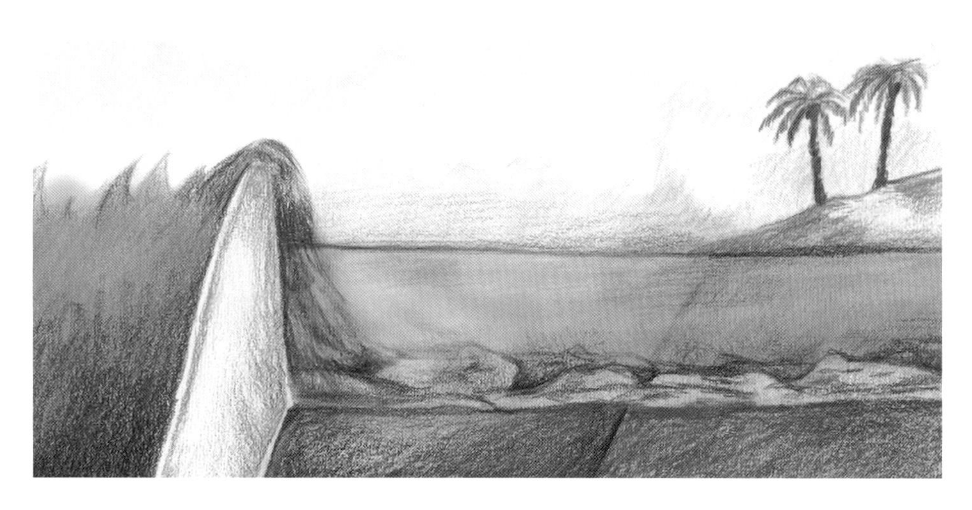

珊瑚礁

近海的珊瑚礁不仅是重要的栖息地，还能抵御大浪侵袭沙滩。

珊瑚和海绵造就珊瑚礁

珊瑚礁是海底的隆起物。大多数珊瑚礁在热带、亚热带海域形成。珊瑚礁主要由造礁珊瑚的石灰质遗骸在海底不断沉积而成，所以珊瑚礁会逐渐长高。一些海绵也能形成珊瑚礁或促进珊瑚礁的形成。

经过几百年的时间，这些珊瑚礁变宽变高，甚至长成岛屿。在珊瑚礁的保护下，海水平静而温暖。无数的海洋动物在珊瑚礁的洞穴和孔隙中产卵，其幼体可以在不受大浪影响的环境下顺利成长。值得一提的是，珊瑚与海绵一样，是动物不是植物。

生物多样性的天堂

珊瑚礁是许多物种的家园，生活着各种各样的动物、植物和藻类，就像陆地上的热带雨林一样。然而，令人担忧的是，海水变暖和海洋污染正威胁着这种复杂的生态系统。

你认识图中的哪些动物和植物？
（你可以在本书末尾找到它们的名字。）

与众不同的海绵

有毒的海绵

一些海绵颜色鲜艳，不是为了伪装自己，而是为了警告敌人。红手指海绵（*Negombata magnifica*）的红色看上去很美（其拉丁语学名里的 magnifica 是“美丽”的意思），但实际上这种美透露着危险的信息。在被触碰时，红手指海绵会分泌略带红色的液体，这种液体会对鱼类产生致命的威胁。

速度最快的海绵

几乎所有海绵都固着在一个地方一动不动，而跟弹珠差不多大的圆形荔枝海绵（*Tethya wilhelma*）却能每小时移动约 2 毫米，只不过不是靠滚动，而是靠蠕动。

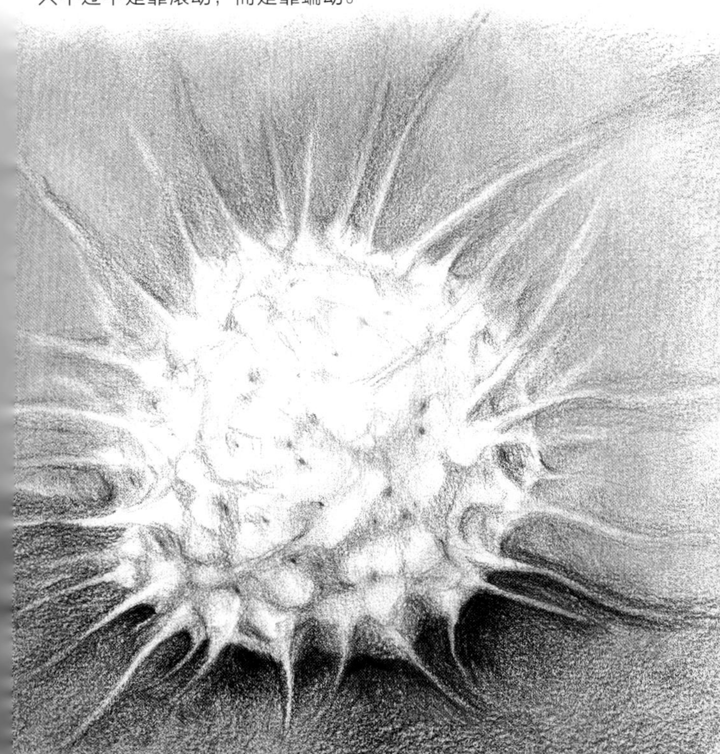

闪亮的海绵

天蓝海绵（*Callyspongia plicifera*）是颜色较丰富的海绵之一。它们就像表面布满凹槽的花瓶，栖息在加勒比海、巴哈马群岛、佛罗里达海峡的珊瑚礁中。它们颜色多变，从粉到紫，还能发出蓝色的荧光。

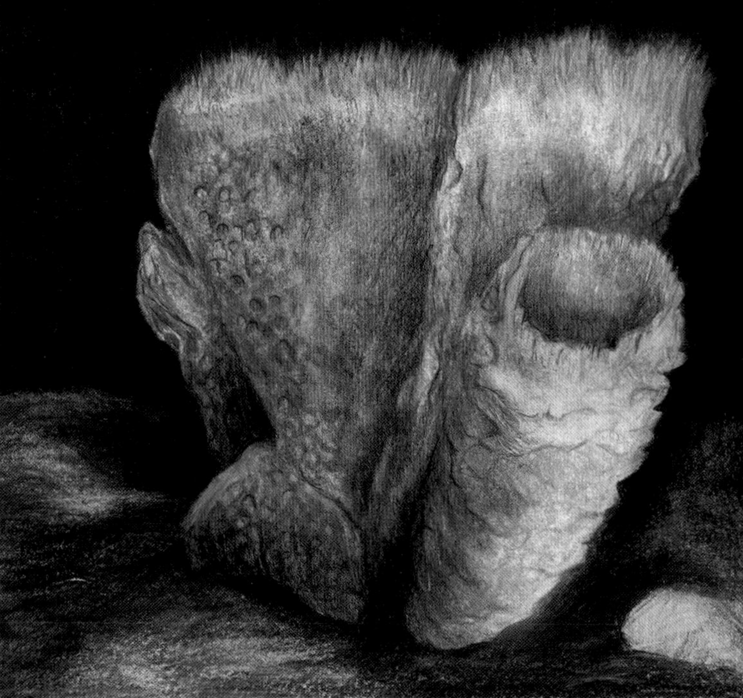

体形最大的海绵

在夏威夷附近约 2100 米深的海底，生活着一只花骨海绵（Rossellidae）。得益于洞穴的保护，它已经长到一辆小型汽车那么大了。

海绵是海豚的工具

在很久以前，人们就已经发现，除了人类，猿类和鸟类也会使用工具。但直到 20 世纪 80 年代，研究人员才在澳大利亚的海岸观察到海豚也会使用工具。

雌性海豚觅食时，会寻找锥形海绵罩在吻部，这样一来，吻部就不会因搅动海底沙石而受伤。生物学家将海豚的这种捕食方法称作“海绵捕食法”。

捕食者和猎物

海洋深处缺少阳光，许多植物和微生物无法生长，导致海洋深处食物匮乏。因此，一些生活在深海的海绵便成了捕食者，它们不再简单地从水中过滤出食物，而是主动捕获一些小动物。

它们谁是海绵？

躄鱼是伪装的高手，种类丰富，几乎都是肉食动物。大多数躄鱼是明亮的黄色，而上图的这种躄鱼改变身体的颜色，把自己伪装成一旁的海绵，甚至还模拟出了海绵的小孔。这样一来，它伏击猎物时就不容易被发现了。同时，那些以它为食的饥饿动物也会以为它是坚硬的海绵而不去吃它。

食肉海绵

食肉海绵长有固定在海底的根状物。一些食肉海绵形似花朵，细细的臂里藏着坚硬的骨针，骨针末端有倒钩。这样的食肉海绵可以用倒钩捕捉微小的甲壳动物。

还有一些食肉海绵体外长有领细胞。这些领细胞鼓成一个个小球，上面的刷毛就像魔术贴，能粘住甲壳动物，然后将它们慢慢消化掉。

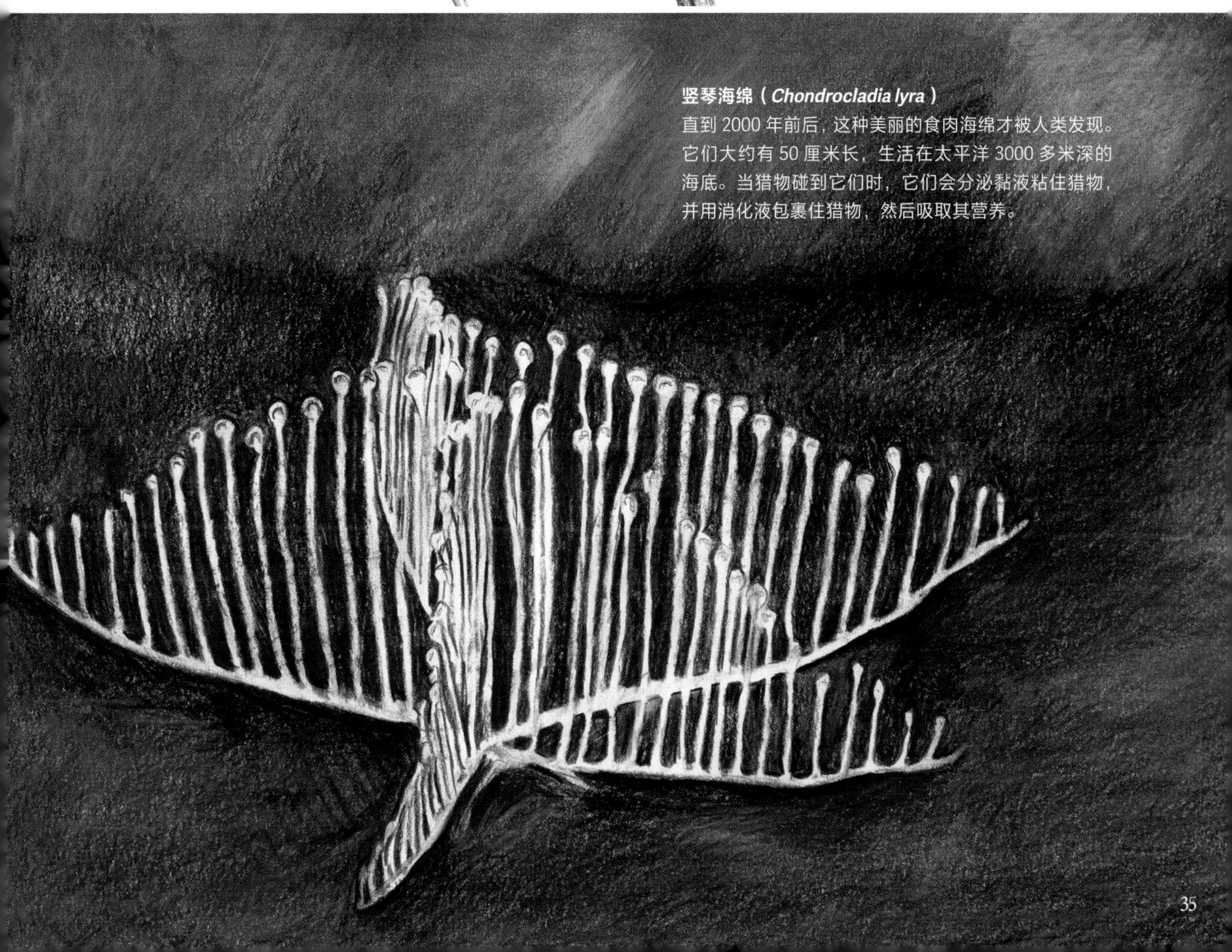

竖琴海绵（*Chondrocladia lyra*）

直到 2000 年前后，这种美丽的食肉海绵才被人类发现。它们大约有 50 厘米长，生活在太平洋 3000 多米深的海底。当猎物碰到它们时，它们会分泌黏液粘住猎物，并用消化液包裹住猎物，然后吸取其营养。

寄居蟹

好房子需要争夺。

寄居蟹每分钟可以用钳子出击将近 113 次。

获胜者将住进新家。

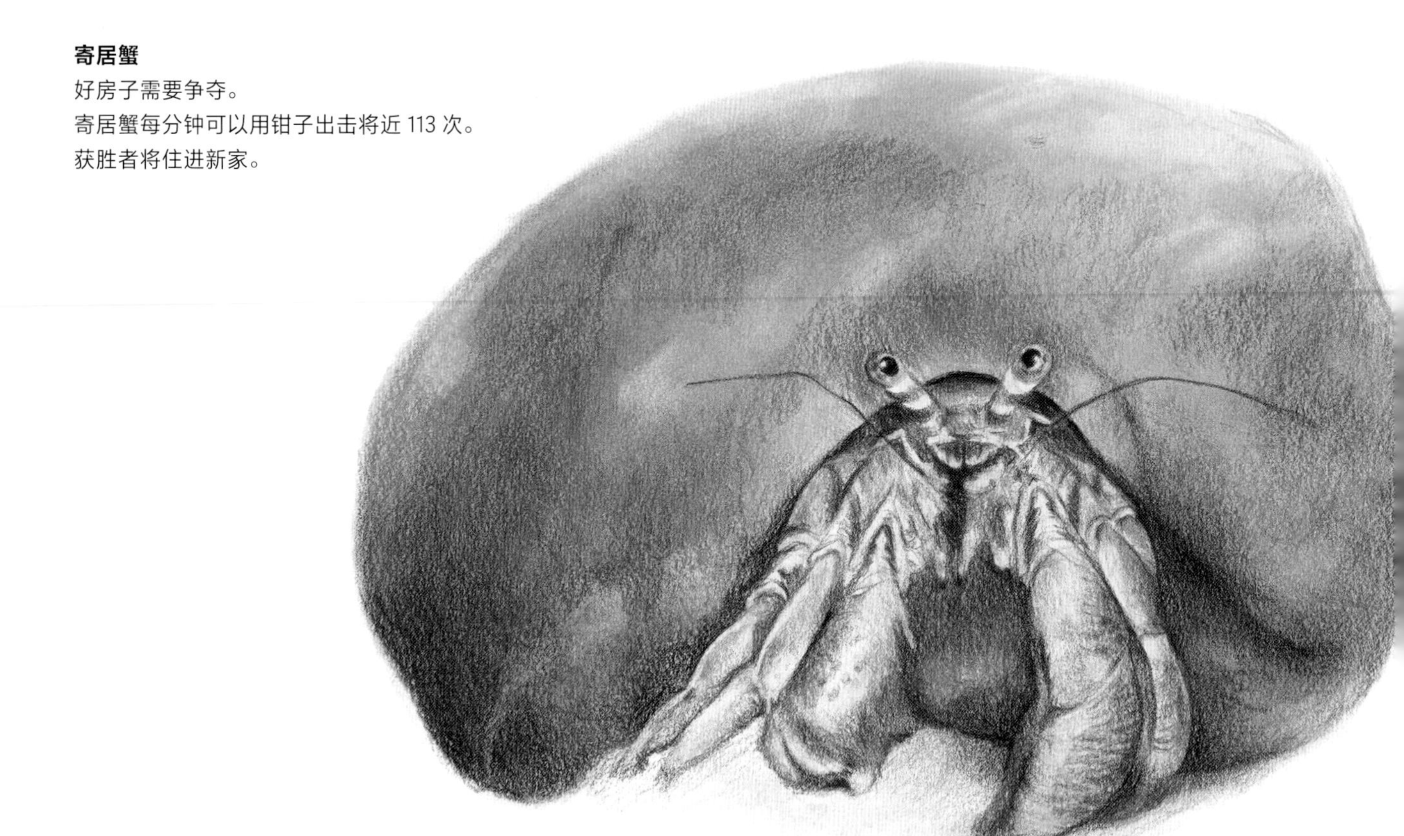

淡水中的海绵

鲜有人知的是，湖泊和河流里也生活着海绵，即淡水海绵，或许你家附近的河流中就有。淡水海绵一般附着在石头、水生植物、枯树枝或别的东西上。它们呈块状、球状或手指形，体形通常很小，不过也有一些可以长到成年人那么高。当河流干涸或冬天结冰时，许多淡水海绵会形成芽球。它们以这种方式生存下来，在环境变好后，这些芽球内的细胞会长成一个个新的海绵。

淡水海绵的身体组织里栖息着微小的绿藻，所以它们看上去是绿色的。绿藻在淡水海绵的组织里得到了很好的保护，作为回报，它们向海绵提供营养物质和氧气。

在水下寻找住所

寄居蟹用钳子保护自己的身体前端，身体后端则要靠坚硬的外壳。它们最喜欢住在海螺壳里，但也会选择竹管、空心石头、珊瑚遗骸、海星遗骸、菟海葵和海绵作为自己的保护壳。

寄居蟹一生都在寻找新家。它们的身体不断生长，必须根据体形随时更换住所。一些寄居蟹巧妙地解决了这个问题。当海绵幼体在有寄居蟹居住的海螺的壳上生长时，两种动物都可以获得好处：海绵可以随着寄居蟹的移动获得更多的食物，而寄居蟹也得到了海绵的庇护。寄居蟹在长大脱壳后也不需要寻找更大的住所，因为海绵在不断长大，供寄居蟹生活的空洞也在逐渐变大。

珊瑚礁中的生命

珊瑚礁中生活着许多的动物和植物，其中一些属于共生关系，也就是说，两种生物生活在一起能从彼此身上获得好处。石珊瑚能分泌石灰质物质，是重要的珊瑚礁建造大师。石珊瑚的石灰质骨骼能为藻类提供安全的生存环境，而单细胞的藻类又促进石珊瑚的生长和繁殖。

动物

1 侧条真鲨（*Carcharhinus limbatus*）
2 四线笛鲷（*Lutjanus kasmira*）
3 海月水母（*Aurelia aurita*）
4 绿海龟（*Chelonia mydas*）
5 六孔胡椒鲷（*Plectorhinchus polytaenia*）
6 地中海红海星（*Echinaster sepositus*）
7 多棘立旗鲷（*Heniochus diphreutes*）
8 黄色多刺海绵（*Aplysilla sulfurea*）
9 鲍氏海马（*Hippocampus barbouri*）
10 眼斑双锯鱼（*Amphiprion ocellaris*）

和藻类共生的动物

11 石珊瑚（Scleractinia）
12 海葵（Actiniaria）

植物

13 大叶藻（*Zostera*）